第一分册
村庄规划方案评审手册

主　编　周国艳

参　编　张婷婷　栗翰江　李娇娇

编　审　陈厚敏　葛文康　穆　红

U0295769

合肥工业大学出版社

总　前　言

在我国实行的是控制性城乡规划体系。《中华人民共和国城乡规划法（2008）》是一切城乡规划和建设实践的基本法律依据。根据法律界定，城乡规划，包括城镇体系规划、城市规划、镇规划、乡规划和村庄规划。城市规划、镇规划分为总体规划和详细规划。详细规划分为控制性详细规划和修建性详细规划。《城市规划编制办法（2005）》第六条明确："编制城市规划，应当坚持政府组织、专家领衔、部门合作、公众参与、科学决策的原则。"由相关专家和政府、各有关部门负责人参与的城乡规划方案的评审是城乡规划决策的必不可少的重要环节，也是遵循上述原则各地政府所采用的具体方法之一。国家有关城乡规划设计招投标工作，依法规定也需要对城乡规划方案的竞标进行技术、商务两方面的审查。城乡规划方案的技术标审查，实际上就是对于城乡规划方案的评审。

目前，有关城乡规划方案编制、审批等规范性要求方面，已经有很多国家、地方各层次的法规、规章等相关内容和要求。但是，由于城乡规划内容非常综合、复杂，技术性强，缺少简便、合规而全面的工具书作为参考，因此，在进行城乡规划方案评审的实际操作层面，往往是仁者见仁、智者见智，常常会出现关注一方面而忽视另一方面的现象，极易导致评审结果过于主观、片面，难以做到科学决策，也不利于提高城乡规划与设计水平。不论是城乡规划方案的评标、开发投资建设企业的内部方案筛选和评审、城乡规划方案竞赛和评优，还是城乡规划编制课程设计作业的成绩评价等，都缺少易懂、合规、清楚、明晰、实用的评价规划方案的工具书或手册式参考书。

本手册编写的主要目的就是要为从事城乡规划工作的相关人员提供一个实用、合规合法、简便的参考性手册。以减少评审中的片面、主观、偏离重点的实际问题，促进城乡规划方案的评审更加全面、科学、合法合规，提高规划设计方案的品质和决策的科学性。

本手册针对城乡规划的不同内容设计成一套系列手册。其内容包括了城乡规划方案的依据审查、主要内容评审和指引、成果审查要点和评分表等，设计了实用、易操作、合法合规的审查要点和评分表格，为广大的城乡规划管理人员、组织招投标机构、开发建设企业以及从事建设、规划设计、教学科研等工作的相关人员提供了可以直接运用的工具书，满足了广大的城乡规划管理、开发建设和教学研究人员的实际需要。

本系列手册主要内容包括法定和非法定规划两个系列；总体和详细两个不同层次的各种城乡规划设计方案的评审。

第一系列：法定城乡规划方案的评审

第一分册：村庄规划方案评审手册

第二分册：镇总体规划方案评审手册

第三分册：城市总体规划方案评审手册

......

　　由于本系列手册的内容十分综合、专业性要求高、法规性强，为了使本系列手册更加具有科学价值和指导性，特成立了本系列手册的专家综合审核组。每个不同的评审手册和内容分别由不同的专家组审核完成，以保证在一定程度上的合规性和准确性。

　　　　　　　　　　总编　周田格　2017 年 5 月 18 日

　　　苏州大学金螳螂建筑学院教授（博士）、注册规划师
　　城市规划系负责人、苏州苏大万维规划设计有限公司负责人
　　　　　　　　　住建部城市设计专家委员会委员
　　　　　　　中国城市规划学会国外城市规划委员会委员
　　　　　　　　　英国皇家城镇规划学会会员

目　　录

1. 前　言

为了提高村庄规划方案评审的合法性、科学性、针对性、实用性，按照国家有关法律、法规、规章和标准规范，结合专家实践经验，编写了该手册。

该手册用于村庄规划方案的实施前评审，适用于城市规划依法进行专家和相关部门的方案评审，村庄规划方案的招投标评标，相关管理、教育、研究、设计等，特别是为县级以下有关政府部门审查村庄规划方案提供了合法合规、便捷可操作的技术指引。本书是评审村庄规划方案（村庄规划编制成果）具有重要参考价值的工具书。

该手册的内容构成和特色：

村庄规划评审导则+定量评审方法指引。

评审导则包括：

第一，村庄规划方案的编制依据审查；

第二，村庄规划方案的主要内容及审查重点指引；

第三，村庄规划方案的成果构成及审查指引；

第四，村庄规划方案的评审要点及评分表。

本手册适用于需要对编制的村庄规划成果进行评审的城乡规划管理、城乡开发与建设、城乡规划教学和研究、规划编制机构等相关的部门和人员。

2. 村庄规划方案编制依据的审查

　　审查村庄规划是否符合国家有关法律、部门规章、标准规范、国家和地方的相关方针、政策和文件的要求、乡镇总体规划、镇村布局规划等法定的上位规划和乡镇经济社会发展规划、土地利用总体规划、交通体系规划、环境保护规划、历史文化名镇、名村保护规划、旅游总体规划以及其他各专项规划等要求。

　　国家层面的法规、规章标准依据主要有：

　　《中华人民共和国城乡规划法》（2008）；

　　《中华人民共和国土地管理法》（2004）；

　　《历史文化名城名镇名村保护条例》（2008）；

　　《中华人民共和国村庄规划标准（征求意见稿)》；

　　《中华人民共和国村庄整治规划编制办法》（2013）；

　　《历史文化名城名镇名村街区保护规划编制审批办法》（2014）；

　　《中华人民共和国村庄规划用地分类指南》（2014）；

　　《乡村公路建设管理办法》（2006）。

3. 村庄规划主要内容以及审查指引

3.1 村庄规划的主要内容

根据村庄规划编制内容和基本程序，村庄规划主要包括前期调研、村庄规划编制（村域、中心村、自然村）、村庄近期建设规划、建筑和环境整治四个部分。

村庄规划方案主要内容审查包括以下四个部分[①]：

第一部分：前期调研内容的审查重点指引；

第二部分：村庄规划编制（村域、中心村、自然村）方案审查重点指引；

第三部分：村庄近期建设规划方案审查重点指引；

第四部分：村庄的建筑和环境整治规划内容的审查重点指引。

3.2 前期调研内容的审查指引

（1）村庄规划涉及村庄人口社会发展、经济产业状况、生态环境保护和利用以及村域空间建设（包括村庄建设现状

---

① 中华人民共和国住房和城乡建设部. 村镇规划编制办法（试行）[Z].
2000–02–14.

和标准等方面的基本信息的调查研究）。

（2）村庄规划范围所在的乡、镇等上位规划和土地利用、耕地、生态资源保护等相关规划的调查和解读；

（3）村庄规划和建设现状的村民满意度和意愿的综合调查和研究；

（4）各级政府对于村庄未来社会、经济发展的规划和计划；

（5）区域综合交通系统对于村庄现状以及未来的建设发展的影响和评价；

（6）村庄历史文化资源的调查和评价研究；

（7）村庄建设问题总结与综合分析以及村庄规划建设发展的 SWOT 和特色研究；

（8）对于村庄未来发展的社会文化、产业经济、空间环境等定位研究。

3.3　村庄规划编制（村域、中心村、自然村）方案的审查指引

3.3.1　一般性审查

1. 总体规划和建设原则

是否符合城乡统筹、因地制宜、保护耕地、节约用地、保护文化、注重特色的原则以及民主化、公开化的原则。

2. 编制村庄规划过程的程序合法性、社会合理性

是否充分听取了村民意见，尊重村民意愿。在规划报送审批前是否经村民会议或者村民代表会议讨论同意。

3. 总体规划的定位、类型确定和性质规模

是否符合乡镇总体规划对于村庄的产业发展，耕地保护，生态资源特别是水资源、森林资源的环境保护，历史文化保护等方面的规划和要求。

审查村庄的人口预测是否科学，是否符合乡镇总体发展的要求和城镇化发展进程的实际。

4. 村庄的人均建设用地的确定、计算用地总量以及各项用地的构成比例和具体数量审查

审查是否依据《村镇规划标准》等国家、地方有关标准和技术规定，结合分析土地资源状况、建设用地现状和经济社会发展需要进行合理的确定。

3.3.2 乡镇区域规划内容的审查指引

（1）对于村庄所处的区域环境、地域特色加以明确。

（2）根据前期调研，明确村庄的产业发展类型、方向和建设模式。

产业发展类型如农林型、旅游型、历史古村落或者综合型等。村庄的建设模式可以分为整治（保护）型、提升拓展型、新建型等类型。主要是从整体上确定村庄的产业发展方向、类型和村庄建设模式。

（3）村庄规划建设的性质（中心村、自然村）和规模（人口规模与建设用地规模）。

依据上位乡镇规划和土地利用总体规划，按照新型城镇化发展的战略要求，合理确定村域范围内的村庄人口规模与布点以及人均建设用地标准。村庄的总体布点应符合乡镇等上位规划所确立的村庄布点规划要求和农业耕作的劳作半径要求，满足生产和生活的发展需要。

（4）科学规划村域土地利用规划结构，保护耕地和水、林地等自然环境资源。

依据生态保护多规合一的要求，划定村域空间规划管制界限（五线控制范围），落实上位规划关于村域范围内的基础设施、公共服务设施、安全防灾设施等设施布局规划的强制性内容。明确物质与非物质历史文化遗产的保护规划内容与空间范围。

（5）村庄的对外交通系统规划符合乡、镇、县或城市的区域道路交通系统和空间架构的要求。同时，应当为未来村庄的产业经济、社会发展提供重要的支撑。

（6）村域村庄空间建设布局和村庄的选址应当符合因地制宜的要求，凸显地域村落空间和环境风貌的特色。

（7）审查村庄内的各类建设用地布局的合理性。审查居住、公共建筑、生产、公用工程、道路交通系统、仓储、绿地等建筑与设施建设用地的空间布局是否做到联系方便、分工明确、规模合理、界限清晰，同时符合村庄的实际情况。

（8）根据村镇总体规划提出的原则要求，对规划范围的供水、排水、供热、供电、电信、燃气等设施及其工程管线进行具体安排，按照各专业标准规定，确定空中线路、地下管线的走向与布置并进行综合协调。

3.3.3 中心村（含自然村）建设规划方案审查重点

（1）审查村庄建设规划内容的完整性。是否对村民住房、公共服务设施、基础设施、绿化、环境卫生、历史遗产保护等做出了具体安排，并对于建设规模、风貌特色等方面提出了控制性和指导性要求。

（2）村庄建设规划方案的形成是否突出了尊重民意、深入调查、问题导向、突出特色和公平决策的原则。

（3）对于不同的产业发展类型和建设模式的村庄，是否体现了尊重现状、因地制宜的原则并合理地安排了各项设施，体现了集约节约用地、适度拓展的基本思路。

（4）村庄规划是否对于村庄近期、远期的发展都进行了具有可操作性的规划，并明确了近期规划内容和具体落实建设项目安排。

（5）村庄建设用地结构和指标的审查重点是总体和各类人均建设用地规模确定的合理性、合规性。

（6）村庄规划布局重点审查村庄的住房、道路、公共服务设施、基础设施、生产性设施等分布是否因地制宜、方便生活、聚散合理。

（7）村庄住房规划重点审查农民住房的选址、朝向、群体组合和空间布局户型是否结合了地方地质水文和气象、环境等因素；是否体现安全防灾、符合本地习俗和地域特色风格以及户均建设规模的确定；是否符合有关国家和地方的标准要求。

（8）村庄道路交通规划重点审查村庄内的道路和交通设施，包括村庄道路的分级、宽度控制的合理性以及交通设施、公交站点布局的合理性和安全性。

（9）村庄公共服务设施规划重点审查中心村、自然村的公共服务设施布局是否符合上位规划，即乡镇规划的公共服务设施总体分级布局规划的内容和要求。公共服务设施的类型、规模的确定和空间布局是否符合相关规范和标准要求。

（10）村庄基础设施规划重点审查村庄的给水工程、排水工程、电力工程、通信工程、环境卫生、节能工程和防灾减灾、燃气工程（有条件的区域）等工程管线是否统一规划、综合布线和配置齐全。审查各项市政基础设施工程体系的科学性、标准或容量选定和空间布局的合理性、安全性以及经济性与可行性。特别是审查有关给水的水源地规划选址的合理性，污水处理模式规划选择的科学性，公共厕所布点等方面。

（11）村庄绿化景观和水体规划重点审查水系梳理和水资源环境保护、滨水驳岸规划设计的生态友好性规划和整治，村口绿化、公共空间绿化、滨水绿化、道路绿化以及其他空间绿化的布局、植物树种选择、绿化景观营造的合理性与地方特色。

（12）村庄历史文化保护规划重点审查规划是否对于村庄物质与非物质文化资源进行了深入调研和挖掘，对于具有历史价值的物质文化遗产是否进行了价值评估并实行了有效的保护。特别是对于村庄具有特色的历史建筑物、构筑物和古树名木是否纳入村庄的规划之中。对于非物质文化的传承是否提供了空间规划的支撑。

3.3.4 村庄近期建设规划方案审查重点指引

（1）村庄近期建设规划内容（用地范围、建设目的和容量）的确定，是否充分体现了乡镇和村庄总体村域规划建设要求，是否反映了乡镇、村集体以及村民的发展意愿。

（2）村庄近期建设重点项目的确定和规划，是否体现了村庄建设发展的迫切性、重要性、针对性、可行性、节约共享性、公平性的原则和要求。

（3）对于村庄近期建设项目的资金投入、实施建设、自然环境和文化资源保护，是否提出了明确可操作性的计划和建议。

3.3.5 村庄的建筑和环境整治规划内容的审查重点指引

（1）主要整治村庄类型是针对整治（保护）型中心村和村域村庄布点规划中保留的自然村。

（2）村庄整治规划内容方面是否对于农房改造整治规划、道路交通设施的整修、公共服务设施和基础设施完善、村庄环境整治和风貌提升、防灾减灾设施的强化和落实等提出了规划整治导则要求。

（3）准确了解村庄实际情况，尊重现有村落格局。是否通过村民代表座谈会等方式充分征询了村民意见，向村民阐明规划意图以及在编制过程中充分开展村民公众参与。通过规划，有针对性地解决了村民的生活和生产的相关问题。

（4）对于村庄的重点建筑和环境整治内容须基本达到修建性详细规划的深度。合理确定旧村改造和用地调整的原则、方法和步骤。建筑整治方面应当对主要公共建筑的体量、体型、色彩提出原则性要求，对住宅院落的布置与组合方式进行示范设计；确定道路红线宽度、断面形式和控制点坐标标高，进行竖向设计，保证地面排水顺利，尽量减少土石方量；综合安排好环保和防灾等方面的设施。

3.4 村庄规划的成果审查

3.4.1 村庄规划成果构成

一般村庄规划编制的成果包括规划说明和规划图纸两部分。

规划说明主要包括村庄概述、村庄规划、村庄建设规划、保护与发展、实施措施、建筑与环境整治导则、投资概算等方面的内容，并附基础资料、调查材料、村民意见反馈、专家论证意见等。

规划图纸主要包括区位图、相关规划衔接图、村域现状图、村庄现状图、村庄规划总平面图、村庄基础设施规划图、保护规划图、村庄近期建设（整治）规划图、村庄规划效果图等，以及其他能够表达规划意图的图纸。

3.4.2 村庄整治规划成果

单独编制的村庄整治规划成果包括"一图两表一书"。

一图：整治规划图（地形图比例为 1∶500～1∶1000）；

两表：①主要指标表：村庄用地规模、人口规模、各类用地指标。

②整治项目表：整治项目的名称、内容、规模、建设要求、经费概算、总投资量以及实施进度。

一书：规划说明书。

4. 村庄规划成果的审查要点和评分表

4.1 村庄规划成果的评审方法和评分表的使用说明

评审村庄规划成果一般采取定性评审的方式进行。然而，主观定性评审：一方面，对于不同的规划方案成果之间的比较很难明确优劣所在；另一方面，模糊判断对于村庄规划方案的进一步改进和优化不能提供明确的方向。因此，本节明确了包括前期调研内容、村庄规划编制（村域、中心村、自然村）方案、村庄近期建设规划方案、村庄的建筑和环境整治规划内容等四个主要部分在内的审查要点和评分表。这些内容汇总后的总评分则是村庄规划成果综合评审的结果，而不同部分的评分高低则说明了村庄规划方案的优劣问题所在。

4.2 村庄规划成果评审要点和评分表

4.2.1 村庄规划前期调研审查要点和评分表

村庄规划评审要点（前期调研）				
主要方面		评审要点	得分	备注
前期调研	综合调查和基础研究	①村庄人口、经济状况、产业发展、生态环境保护和利用、交通系统。村域各类设施建设包括村庄建设现状的调查和问题的研究		
	规划衔接和空间管制	②村庄规划的上位乡镇规划、土地利用规划耕地保护以及各类生态自然与人文资源保护规划的调研和解读，分析空间管制要求		
	支撑体系和设施配套	③区域交通系统与设施规划对于村庄未来发展的影响分析		
	利益相关者参与	④各级政府发展意愿和村民满意度与未来意愿的调研		
	产业与空间	⑤村庄现存问题的综合分析和产业、空间发展定位		
	地域特色和文化	⑥村庄的特色凝练和研究		

4.2.2 村域规划审查要点和评分表

村庄规划评审要点（村域规划）				
主要方面		评审要点	得分	备注
村域规划	规划衔接	符合乡镇社会与经济发展规划，产业发展规划；乡、镇域总体规划，村庄布点规划；土地利用总体规划，生态环境保护规划，文化遗产保护规划等有关专项规划		
	区域协调	与相邻行政区域空间规划和产业发展规划的协调		
	村庄发展规划	村庄发展定位、目标确定，村庄总人口及用地规模预测的科学性与合理性		
	空间管制	提出禁建区、限建区、适建区范围，明确村庄建设用地范围		
	村庄分级分类	中心村、自然村等分级；对于现有村庄的拆并、保留整治、拓展、新建等村庄建设模式进行规划分类		
	总体空间布局	提出村庄主要发展方向、空间结构和功能布局；合理安排各类用地；提出人均建设用地标准等要求		
	产业发展与布局	产业发展方向和产业布局结构是否合理；是否制定产业发展战略		

村庄规划评审要点（村域规划）				
主要方面		评审要点	得分	备注
村域规划	公共服务设施	公共服务设施空间布局优化与配建标准，建设目标的合理性		
	道路系统规划	交通发展目标和策略，交通体系，交通设施的功能、等级、布局和用地控制要求是否合理		
	市政基础设施规划	给水源选择/水量预测/管网布置等规划合理性以及水质达标和安全性保证 雨/污合流/分流排水体制选择，雨水分区划分，水量测算和标准，污水处理厂选址与规模确定，管网规划和布局等合理性 电力需求测算合理性，线路布置安全性 环卫设施用地布局，规模配置的合理性 对于固定电话、移动电话网络及有线电视用户等需求量预测的合理性以及电信管网布局规划的合理性 安全防灾规划包括防洪、消防、抗震等减灾防灾规划的标准确定，规划分区和空间布局的合理性		

4.2.3　村庄建设规划审查要点和评分表

村庄规划评审要点（村庄建设规划）				
主要方面		评审要点	得分	备注
村庄建设规划	村庄建设规划内容	村民住房、公共服务设施、基础设施、绿化、环境卫生、历史遗产保护等具体安排。提出控制性和指导性规划要求		
	尊重民意	调查深入、问题导向；突出特色、公平决策		
	村庄发展和建设类型	产业发展类型，村庄建设模式的确定；尊重现状、因地制宜地合理安排各项设施；符合集约节约用地、适度拓展的基本思路		
	近远期规划	村庄远期、近期的发展和建设得以合理安排		
	村庄建设用地结构和指标	各类人均建设用地规模和总用地规模确定的合理性、合规性		
	村庄规划布局	村庄的住房、道路、公共服务设施、基础设施、生产性设施等分布是否因地制宜、方便生活、聚散合理		
	村庄住房规划	户均建设规模确定的合理性，农民住房的选址、朝向、群体组合、户型、户均面积是否结合地方水文、地质、气象和环境等因素，体现安全性和地域特色		

村庄规划评审要点（村庄建设规划）				
主要方面		评审要点	得分	备注
村庄 建设 规划	村庄道路 交通规划	村庄内的道路分级、宽度控制、交通设施、公交站点布局等方面的合理性、便捷性与安全性		
	村庄公共 服务设施 规划	村内公共服务设施布局和配置标准的合理性		
	村庄市政 基础设施 规划	各项市政基础设施工程体系的科学性、标准或容量选定以及空间布局的合理性、安全性、经济性和可行性		
	村庄绿化 景观和 水体规划	水系梳理、水资源环境保护、滨水驳岸的规划和整治、村口绿化、公共空间绿化、滨水绿化、道路绿化以及其他空间绿化的布局合理性、植物树种选择的科学性、绿化景观营造等要凸显地方特色		
	村庄历史 文化保护 规划	村庄物质与非物质文化资源调研和挖掘，价值评定和保护策略确定的合理性，保护规划的有效性和可操作性		
村庄近期 建设规划 与实施建议		明确规划期内发展建设时序。近期建设范围、建设项目确定的合理性、可操作性；近期投资估算的科学性与投入可行性；提出各阶段规划实施的政策和措施		
补充说明：			总得分：	

4.2.4　村庄整治规划审查要点和评分表

村庄规划评审要点（村庄整治规划导则）				
主要方面		评审要点	得分	备注
村庄整治规划（导则）	村庄建筑风貌整治	村庄现状需要整治的建筑要充分调研，对于建筑要素，包括檐口、女儿墙、屋面、墙体、门窗等提出整改措施和效果意象。体现安全性，具有地方特色		
	村容美化与环境整治	村庄内的景观绿化、道路、旱厕、垃圾收集点等进行整治，明确整治措施		
	保障村庄安全和村民基本生活条件	村庄安全主要放在农房改造；生活给水设施整治；道路交通安全设施整治等方面		
	改善村庄公共环境和配套设施	环境卫生整治；排水污水处理设施；厕所整治；电杆线路整治；村庄公共服务设施完善；村庄节能改造		
	提升村庄风貌	村庄风貌整治；历史文化遗产乡土特色保护		
	生产性设施与环境	生产性设施与环境整治		
	建立村庄整治长效管制机制	制定村规民约；建立整治长效管制机制；注重维护运营和持续管理		
补充说明：			总得分：	

4.2.5 村庄规划成果综合评分汇总表（参考权重）

村庄规划成果综合评分汇总表		
成果要点	方案要点得分（分项得分）	权重
前期调研		10%
村域规划		20%
村庄建设规划		30%
村庄综合整治规划		30%
近期建设规划和实施建议		5%
成果构成完整性和规范性		5%
综合评审结果（满分100分）		100%

编者注：本评分表和评审网站可以配合使用。评审网站是作者基于总体评分、分项评分以及建议权重，通过开发的计算机应用程序平台，为规划评审提供了简便快速的评审方式及可供分析的评审结果。

图书在版编目（CIP）数据

村庄规划方案评审手册/周国艳主编．—合肥：合肥工业大学出版社，2017.12

ISBN 978－7－5650－3720－7

Ⅰ.①村… Ⅱ.①周… Ⅲ.①乡村规划—中国—手册 Ⅳ.①TU982.29－62

中国版本图书馆 CIP 数据核字（2017）第 316707 号

村庄规划方案评审手册

周国艳　主编　　　　　　责任编辑　李娇娇

出　版	合肥工业大学出版社	版　次	2017 年 12 月第 1 版
地　址	合肥市屯溪路 193 号	印　次	2017 年 12 月第 1 次印刷
邮　编	230009	开　本	880 毫米×1230 毫米　1/32
电　话	总　编　室：0551－62903038	印　张	0.875
	市场营销部：0551－62903198	字　数	20 千字
网　址	www. hfutpress. com. cn	印　刷	安徽联众印刷有限公司
E-mail	hfutpress@163. com	发　行	全国新华书店

ISBN 978－7－5650－3720－7　　　　　　定价：18.00 元

如果有影响阅读的印装质量问题，请与出版社市场营销部联系调换。